U0231570

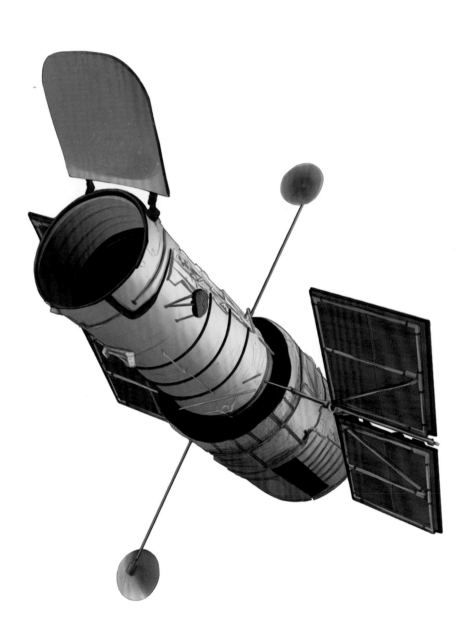

藏在书架里的
百科知识

太空
SPACE

空

进子 / 编

化学工业出版社
· 北 京 ·

图书在版编目（CIP）数据

太空/进子编.—北京：化学工业出版社，2023.1
（藏在书架里的百科知识）
ISBN 978-7-122-42413-6

Ⅰ.①太… Ⅱ.①进… Ⅲ.①宇宙-少儿读物

Ⅳ.①P159-49

中国版本图书馆CIP数据核字（2022）第198743号

责任编辑：龙　婧　　　　　　　　责任校对：边　涛

出版发行：化学工业出版社（北京市东城区青年湖南街13号　邮政编码100011）
印　　装：北京尚唐印刷包装有限公司
889mm×1194mm　1/16　印张5　　　2023年4月北京第1版第1次印刷

购书咨询：010－64518888　　　　　　售后服务：010－64518899
网　　址：http://www.cip.com.cn
凡购买本书，如有缺损质量问题，本社销售中心负责调换。

定　　价：58.00元

前言

夜幕降临后，我们抬起头望向夜空，点点繁星在苍穹之中发出明亮的光辉，地球仿佛被环绕在中央，那么地球是宇宙的中心吗？不，地球只是宇宙中的一粒尘埃。

神秘的太空一直吸引着人们去探索，千百年来，一个个"太空问题"被破解，又有一个个新问题涌现，太空的奥秘似乎无穷无尽……宇宙从哪儿来？宇宙里面有什么？太空是寂静无声的吗？古人眼中的宇宙、太空是什么样子的？太空深处有外星人吗？……

怎么样？浩瀚的太空是不是也深深吸引着你呢？那还等什么，跟我们一起走进《太空》一书，去探索那些关于太空的奥秘吧。

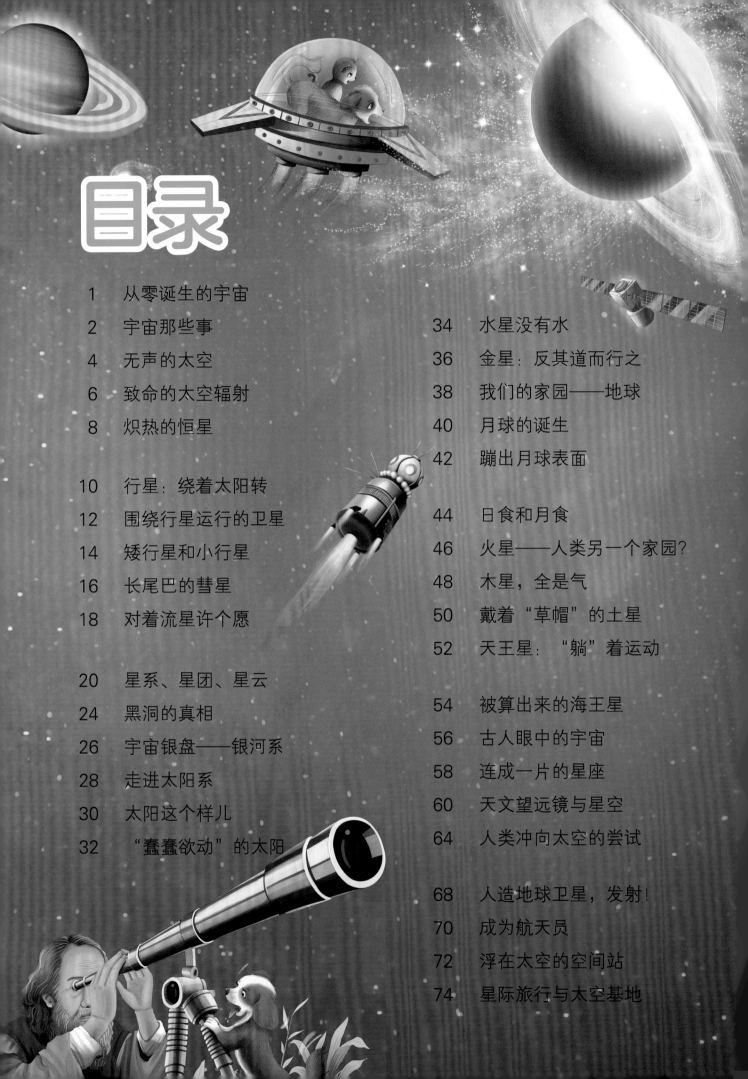

目录

从零诞生的宇宙

夜晚，当你抬头仰望满天繁星，幻想自己直上九天揽星辰时，有没有思考过这样一个问题：我们的世界是怎么来的？这里的世界指的不是地球，而是广阔的宇宙，它是如何诞生的呢？

📖 无声的"大爆炸"

大约在 140 亿年前，宇宙还没有诞生。那个时候，所有物质都集中在一个点上。科学家们把这个密度高到无法预估的点称为"奇点"。有一个瞬间，这个"奇点"突然爆炸，构成宇宙的物质在刹那间就形成了。

宇宙那些事

哇,宇宙真是太辽阔了。如果把地球比作一滴水,那么宇宙就是浩瀚无垠的海洋。

📖 我们眼中的宇宙

人的视野是有极限的,即便是晴朗的夜空,我们所能看到的也不过是宇宙的沧海一粟,就算借助高科技工具也是如此。

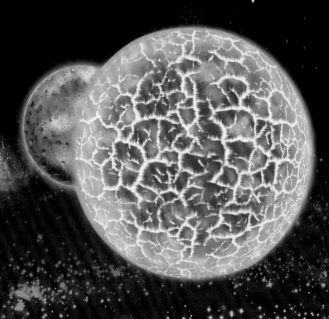

📖 看不到的物质

有一个简单的等式：宇宙 = 能看见的部分（可见宇宙）+ 看不见的部分（不可见宇宙）。而在"看不见的部分"里，还有科学界至今没有研究明白的暗物质和暗能量。

📖 还在膨胀？

天文学家有一个惊人的发现，也许你听后会感到无法理解：宇宙仍在不停地生长、膨胀。很可惜，科学家目前还没法推测出宇宙为什么会膨胀，也无从得知它的膨胀所需能量是谁提供的。但可以肯定的是，宇宙还有很多待破解的奥秘。

无声的太空

在地球上，人类和大多数动物都是通过声音交流和传递信息的。那么，在太空里呢？那里有声音吗？

真空的太空

地球因为外部有大气层保护，氧气等气体才没有"逃跑"。而在广阔的宇宙空间，是没有类似的"大气层"的，所以太空中几乎不存在氧气，处于近似"真空"的状态。

声音传播的真相

声音传播是需要条件的，这条件有个名字：介质。声音传播的介质可以是气体，也可以是液体，还可以是固体，但没有介质是无法传播的。

声音的绝地——太空

大气层以外的宇宙空间没有空气，处于"真空"状态，没有介质存在，声音自然没办法在太空中传播，所以太空中寂静无声。或许千百亿年前，我们的宇宙就是在这样的情况下，无声无息地诞生了。

致命的太空辐射

漫无边际的太空里到底有什么呢？除了能用肉眼观察到的天体以外，还有一些我们看不见、摸不到的宇宙射线。

射线的真面目

宇宙射线也可以叫太空射线或宇宙辐射，它是来自宇宙空间的、以近似光速移动的高能带电粒子和光子流。这些射线的来源杂七杂八，有的来自像太阳一样散发光热的恒星，也有的来自宇宙深处。

📖 小心身体，辐射高能！

宇宙射线对于生命而言非常恐怖！如果我们人直接暴露在宇宙射线下，身体会被射线穿透，不仅皮肤会受到伤害，内脏也会受到伤害，甚至发生癌变。幸好地球有厚厚的大气层，它帮我们拦住了有害的宇宙射线。

📖 伽马射线

伽马射线是一种宇宙射线，它的破坏力十分可怕，被称为"太空死神"。科学家认为，4.5亿年前奥陶纪大灭绝的元凶可能就是伽马射线，它射向地球，杀死了近85%的海洋生物。

炽热的恒星

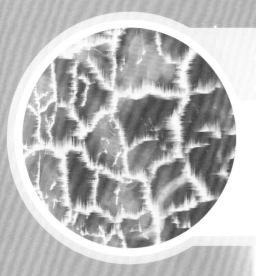

仰望苍穹，夜空中繁星点点。如果能靠近它们，你就会发现，许多小星星其实都是像太阳一样散发着光和热的大恒星。

📖 "燃烧"的真相

恒星之所以会发光发热，并不是因为它能像火那样"燃烧"，而是靠热核反应，是轻原子核聚变的"成果"。通俗一点来讲，恒星的能量来源就是它内部持续的氢弹爆炸。

巨大的"光球"

在漫无边际的宇宙中，恒星数量千千万。它们的质量和体积有大有小，我们赖以生存的太阳，其实在"恒星家族"里并不出众。要知道，有的恒星比太阳大了上千倍！

一颗恒星的"一生"

恒星不会永久存在，每颗恒星都有其诞生、走过生命周期和死亡的过程。最初，恒星只是星云中不知名的团块。它不断从四周"吸收"气体，变得既大又热，成长为新生的恒星。从诞生起，恒星就不断进行核聚变反应，消耗自己。质量越大，恒星内的核聚变反应越激烈，寿命就越短。一旦恒星的燃料耗尽，它的核就开始收缩，其外层部分开始膨胀，于是这颗恒星就成了一颗红巨星或超巨星。

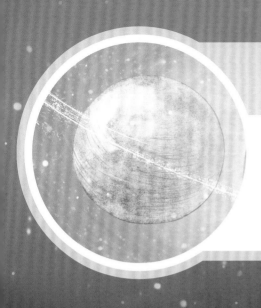

行星：绕着太阳转

众所周知，我们脚下的地球是一颗行星。可你知道什么样的天体才算行星吗？绕太阳运行？这显然不够准确。接下来，就让我们好好了解一下行星吧。

制造太阳的"副产品"

太阳诞生之后，孕育太阳的星云还剩下一些碎片，这些碎片相互碰撞、融合，形成了围绕太阳运行的行星。也就是说，行星是"星云工厂"，是利用太阳剩余的边角料拼凑成的"副产品"。

行星的标准

　　想要成为行星也需要具备一些条件，只有质量足够大、呈球形或近似球形、环绕太阳运行，并能通过引力清空轨道附近碎物的天体才能算是行星，有些恒星也有行星。

岩质行星和气态行星

　　在太阳系里，有8颗大行星绕着太阳公转。八大行星中离太阳最近的4颗是个头比较小的岩质行星，分别是水星、金星、地球和火星；离太阳较远的4颗行星是个头比较大的气态行星，分别是木星、土星、天王星和海王星。

围绕行星运行的卫星

"地球围着太阳转，月球绕着地球转。"这可不是一句单纯的顺口溜，它描述了恒星、行星和卫星之间的关系。

卫星是怎么来的？

卫星是围绕行星运动的天然天体。它是怎么形成的呢？其实卫星和行星一样，都是原始星云中残存的气体和尘埃聚集而成的，只是一个质量小，一个质量大。也有人认为，行星会用引力"捕捉"路过的小天体，将其变成自己的卫星。

卫星数量知多少

　　行星会有多少颗天然卫星？其实答案并不固定。以太阳系为例，有的行星只有一颗卫星，比如人类的母星——地球，它的天然卫星是月球；有的行星有几十颗卫星，例如木星，人们已经证实的木星的卫星有79颗；还有的行星连一颗卫星都没有，比如水星和金星。

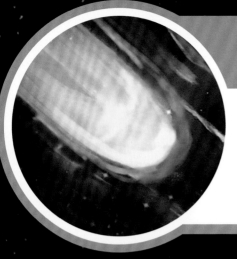

矮行星和小行星

浩瀚的太阳系中，有两种与行星性质相近却截然不同的天体。它们是矮行星和小行星。

冥王星

卡戎星

绕太阳运行的天体

矮行星和小行星也是绕着太阳运行的，但它们的质量与体积并不像行星那样"出众"，所以被单独划分了出来。

身份混沌的矮行星

矮行星既不是行星，也不是卫星，它质量足够大，呈球形或近球形。在太阳系里，比较出名的矮行星有好几颗，如冥王星、阋神星、谷神星等。

小行星的威胁

太阳系里，大多数小行星都有自己的运行轨道。但也有一些小行星会意外变更轨道，还可能撞向地球。个头小的小行星在穿越地球大气层的过程中会燃烧殆尽；如果小行星的个头很大，那么对地球而言，它将带来可怕的灾难。

长尾巴的彗星

当夜幕降临，有时天穹中会有一道长长的"光束"划过。那也许是彗星拖着长长的尾巴从天际飞过。

彗星的本体

一提到彗星，人们的脑海里会浮现出一个大概的形象：尾巴很长，像扫帚一样……实际上，彗星是绕太阳运行的一种天体。它远离太阳时，为发光的云雾状小斑点；接近太阳时，由彗核、彗发和彗尾组成。彗核由固体块和质点组成；其周围的云雾状光辉就是彗发；彗尾形状像扫帚，由气体和尘埃组成。

📖 彗星和流星一样吗？

彗星和流星是一样的吗？当然不是，严格来讲，彗星其实是一种小天体，而流星只是一种稍纵即逝的天文现象。

📖 长长的尾巴

当我们抬头看到彗星时，会发现它拖着长长的尾巴从天边划过，这条尾巴叫彗尾。彗尾并不是一直都在，只有在靠近太阳时，太阳的热量让彗星蒸发，释放出的气体和尘埃才变成了长尾巴。此外，彗星每绕太阳运行一周，质量就会变小一点儿。

对着流星许个愿

晴朗无云的夜空，偶尔会有流星划过。它拖着长长的尾巴，用稍纵即逝的光迹装点夜空。流星从哪儿来？它为什么会消失？让我来告诉你。

刹那芳华

流星原本是游荡在太空中的小碎粒或尘埃团，当它们经过地球附近时，有些家伙受到地球引力的作用，便会偏离"航向"，强势闯进地球的大气层。在这里，它们与大气层发生剧烈碰撞和摩擦而燃烧起来，产生了一瞬间的耀眼光芒。

壮观的流星雨

当成群的流星体闯入地球大气层时，它们与大气摩擦发光，就像从一点迸发出的焰火一样美丽壮观。这时，地球上的我们恰好仰望星空，就可以观赏到一场梦幻、壮观的流星雨了。

陨石

那些还没有燃烧完的流星落在地球表面，就成了我们所说的陨石。陨石撞击地表往往会留下或大或小的痕迹，甚至造成灾难。

星系、星团、星云

对于星系、星团、星云这三个"星"字辈打头的名词，你是不是感到有些陌生呢？下面让我们分别来了解一下它们吧。

星云：恒星的"故乡"

星云是由氢气、氦气与各种电离气体及尘埃等构成的，它外观缥缈，像云雾一样，所以被称为星云。星云在引力的作用下收缩、聚集，最终演化成了原始恒星，它因此被称为恒星的故乡。

星云的质量

星云并没有固定的外形，它们就像云雾那样飘忽不定。这也难怪，谁让它的主要成分里包含了各种气体呢！星云的质量范围可以从太阳质量的十分之几到1万倍以上。

 **集群的星团**

星团是由10颗以上恒星构成的恒星集团。星团里的恒星数量有多有少，少的有十几颗，多的能达到上百万颗，甚至更多。星团可以分成球状星团和疏散星团，前者形状像球，后者形状不规则。

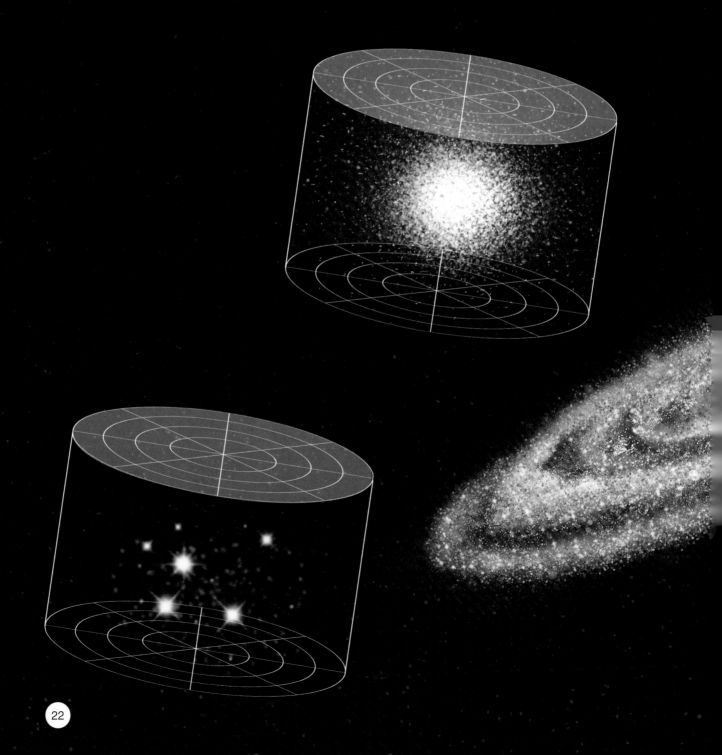

辽阔的星系

在茫茫宇宙中，有很多千姿百态的"岛屿"，它们星罗棋布，里面分布着无数颗恒星，不计其数的星团、星云，以及四处散布的尘埃与气体等，天文学家称它们为星系。我们居住的地球就位于银河系之中。银河系之外，还有成千上万的太空"巨岛"，它们被统称为河外星系。

旋涡星系

椭圆星系

各种星系不一样

世界上没有两片一模一样的树叶，宇宙中也没有两个完全相同的星系，每个星系都有自己独特的外貌。正常星系按形态分为椭圆星系、旋涡星系、棒旋星系、透镜星系和不规则星系五类。此外，还有一些特殊星系，如星暴星系、活动星系等。

不规则星系

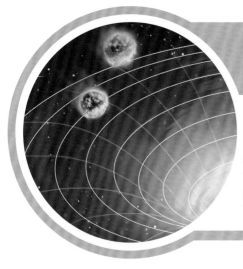

黑洞的真相

宇宙中有一种神秘的天体，它拥有巨大的引力，靠近它的物质会被强大的旋涡吸进去，牢牢禁锢，即便是跑得很快的光也无法逃脱。这种天体就是黑洞。

 ## 黑洞有多大？

在大部分星系的中心，都藏有一个巨大的黑洞。黑洞到底有多大呢？答案一定会让你张大嘴巴：藏在银河系中央的黑洞比太阳大 20~500 倍，而目前发现的最大黑洞，它的质量是太阳的 400 亿倍！

黑洞的"隐身术"

　　黑洞这个"大怪物"还会"隐身术"。强大的引力场能使空间弯曲变形，黑洞就利用弯曲的空间把自己藏起来。只有黑洞撕裂恒星时，产生的气体因为摩擦而发光，人们才能据此发现黑洞的藏身之处。

黑洞、白洞、虫洞

　　根据广义相对论推断，黑洞有一个同胞兄弟——白洞。白洞不仅不会吸收任何物体，还会不断向外释放物质和能量。有人猜想，被黑洞"吃掉"的物体，会从白洞出来，然后形成另一个宇宙，而黑洞和白洞之间的通道就是虫洞。

宇宙银盘——银河系

银河系是我们最熟悉的星系，它如同银丝带一样悬挂在太空之中。地球和太阳都是银河系中的一员。

📖 太空银河

银河系就像太空中一条闪闪发光的河流，银河系里非常热闹，居住着上千亿颗恒星、大量的星团和星云，以及各种星际物质和暗物质。太阳只不过是其中的一颗恒星罢了。

三千秒差距臂

银河系中心

人马座旋臂

猎户座旋臂

太阳系

英仙座旋臂

📖 银河系的"手臂"

如果俯瞰银河系，你也许会认为它像一只章鱼，旋臂就像是这只章鱼的触腕。在银河系中，除了中心银核外，最亮的地方就是它的旋臂了，那里聚集了无数的气体、尘埃和年轻恒星。银河系有4条主要的旋臂，分别是猎户座旋臂、英仙座旋臂、人马座旋臂和三千秒差距臂。

📖 银河系的中心

银河系的中心圆鼓鼓的，有许多恒星住在那里。在银河系的最中央，潜伏着一个巨大的黑洞，这个"巨兽"约有400万个太阳那么大，名字叫人马座A★。

走进太阳系

在太阳强大引力的作用下，许多天体聚集在一起，组成了一个热闹的大家庭——太阳系。

太阳系的成员

太阳系里非常热闹，许多成员住在这里：8颗大行星、180多颗已知卫星、5颗已经被发现的矮行星，还有不计其数的小行星、彗星、流星体和星际物质等。这些天体围绕着太阳不停旋转，时时刻刻都处在高速运动中。

太阳是银河系中的一颗恒星，以太阳为中心的一众天体组成了太阳系，位于银河系的猎户座旋臂上。太阳系以每秒250千米的速度绕着银河系中心旋转，要2.5亿年才能转一圈。

太阳这个样儿

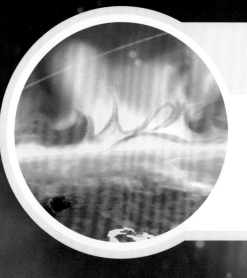

太阳是整个太阳系中唯一的一颗恒星，自带"主角光环"。那么，它到底是什么样儿呢？一起来看看吧！

炽热的气体球

太阳是个炽热的气体"火球"，中心温度高达 1500 万摄氏度，表面有效温度也有 6000 摄氏度，就连钢铁靠近它也会立刻变成气体。太阳的温度为什么这么高呢？它的能量从哪里来？原来，太阳并不像表面看起来那么平静。在太阳中心，炽热气体一直在激烈地碰撞，释放出了巨大的能量，这个过程被称为"热核聚变"。

太阳大气层

太阳的大气层由里向外分别是光球层、色球层和日冕层，在色球层与日冕间还有一个"色球日冕过渡区"。光球层比较薄，地球接收到的太阳辐射基本都是光球层发出的；由于平时地球大气可以散射强烈的光球层可见光，色球层便在蓝天之中被淹没了，只有在发生日全食或借助特殊工具时我们才能注意到它；日冕层的温度很高，能达到上百万摄氏度。

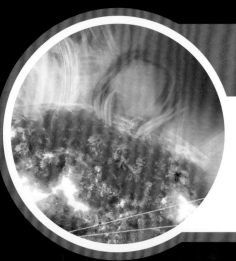

"蠢蠢欲动"的太阳

太阳总是暖洋洋的，平时看起来很"文静"，殊不知，其实它非常"调皮"，无时无刻不在活动。

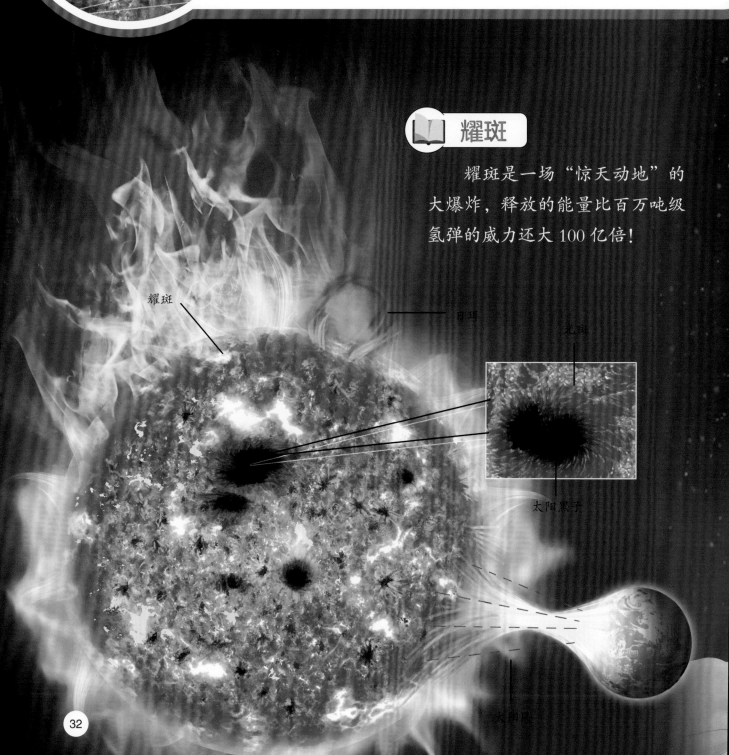

📖 耀斑

耀斑是一场"惊天动地"的大爆炸，释放的能量比百万吨级氢弹的威力还大100亿倍！

耀斑

日珥

光斑

太阳黑子

日冕层

光斑

光斑与太阳黑子是一对亲密的"伙伴"。它喜欢围绕在太阳黑子的周围"表演"，通常太阳黑子越多，光斑也越多。

太阳黑子

在太阳的表面，我们时常能发现很多比较暗的小斑块，它们就是传说中的"太阳黑子"。

日珥

日珥是太阳爆发时喷射出来的跳动的火舌，就像挂在太阳上的"耳环"。

太阳风

太阳风威力强大，它来到地球，在磁场的引领下来到南北两极附近。在那儿，它轰击高层大气，产生了美丽梦幻的极光。

水星没有水

　　太阳系中有个"小不点儿"，在八大行星中，它距离太阳最近，平时行动神出鬼没。你猜到了吗？它就是大名鼎鼎的水星。

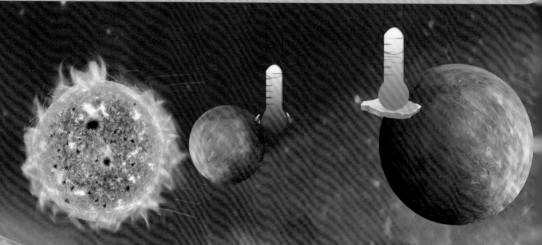

冰火两重天

　　水星离太阳太近了，白天水星朝向太阳的那一面，温度能达到440℃。而背向太阳的那一面却寒冷极了，温度甚至能低于−160℃。这么大的温度差异，难怪人们会说它"冰火两重天"了！

"伤痕"累累

　　水星上拥有高山、平原以及悬崖峭壁，没有水，表面却坑坑洼洼的。是谁留下了这些"伤痕"呢？原来，"作案"的是陨石。因为水星没有能"遮风挡雨"的大气层，所以每次陨石光临，或多或少都会留下一些"作案"痕迹。

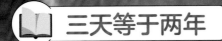

三天等于两年

  水星的公转速度很快,绕太阳一圈只需要88个地球日,可它自转的速度却非常慢,大约要59个地球日。水星自转3圈的同时差不多绕太阳公转了2圈。所以,在水星上,三天约等于两年。

金星：反其道而行之

金星亮亮的，模样很迷人。因为金星结构和地球非常相似，所以曾经有不少人都觉得它是地球的"孪生姐妹"。事实真的是这样吗？一起来揭晓答案吧！

启明星

黎明来临之时，太阳还没露头，月亮也似有若无，这时我们举目东望，经常会发现一颗亮亮的星星，我们都叫它"启明星"。其实，"启明星"就是太阳系行星家族中的金星。我们观察到的光是它反射的太阳的光，因为它离地球不是很远，所以看起来很明亮。

火山密布

如果走近一点儿，你就会发现，金星上分布着大大小小的火山，绝大部分地表被熔岩覆盖。要知道这些火山并不是永久沉寂的，说不定哪一天它们就会醒来，喷发出更多的熔岩流。

📖 倒着跑

　　地球以及其他太阳系行星是自西向东进行自转的，而金星偏偏反其道而行之，它自东向西自转。倘若我们身处金星，看到的太阳便是西升东落。金星自转一周需要 243 个地球日，而它绕太阳公转一周需要 225 个地球日。

我们的家园——地球

地球是太阳系中已发现的唯一有生命存在的天体，约有超过 870 万个物种在地球上繁衍生息，包括我们人类。

生命存在是必然

地球距离太阳不远也不近，温度适合生命生存。不仅如此，地球的运行轨道也比较安全，不会与其他行星"撞车"。更重要的是，地球的体形比较"匀称"，地球上有水存在，外面还包裹着大气层"外衣"。

大气层

大气层

掀开地球的"外衣"

如果我们掀开地球的大气层"外套"，就会看到地球还穿着一件水陆相间的美丽"衣裳"。其中，约 29.2% 是陆地，约 70.8% 是海洋，因此海洋的蔚蓝是这件"衣裳"的主色调。

一年，一天

我们躺在床上时，感觉周围的一切都是静止的，但其实地球一直在不停转动，既要绕着太阳公转，也要绕着自己本身的自转轴自转。地球公转一周大约需要 365.25 天，自转一周大约需要 23 小时 56 分。

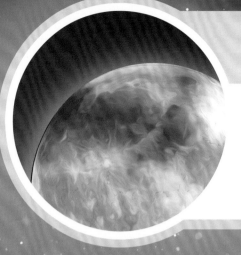

月球的诞生

月球是地球唯一的天然卫星，它就像地球的"小跟班"，陪伴在地球左右。说起来，月球的诞生还与地球有很大的关系呢！

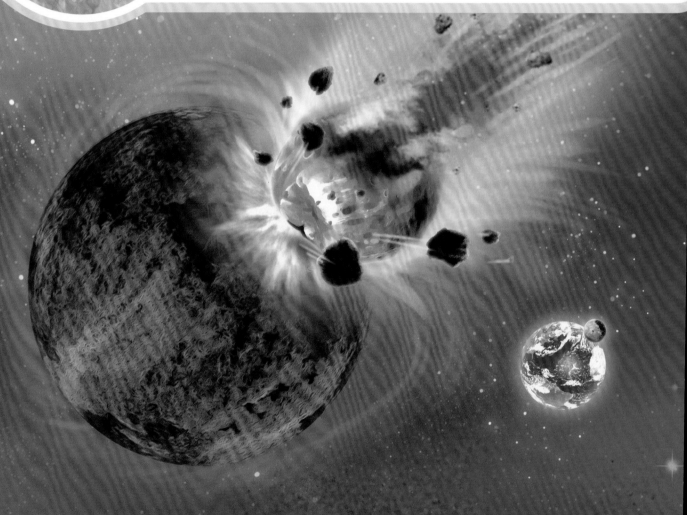

📖 行星大碰撞

早期太阳系的运行环境十分不稳定，经常发生碰撞事件。一颗名叫"忒伊亚"的行星撞向了刚诞生不久的地球，巨大的冲击波将大量碎片喷向太空，散落的碎片先是形成了围绕着地球的行星环，然后汇集在一起形成了月球。

地球的"小跟班"

月球在自转的同时一直绕着地球不停公转，但因为月球公转的周期和自转的周期差不多都接近28天，因此在地球上只能看到月球的一面，而看不到它的另一面。

 ## 借了太阳的光

也许你会奇怪，为什么白天几乎看不到月亮呢？月球本身不发光，我们在夜晚之所以能看到皎洁的月光，是因为月球"借"了太阳的光。白天，太阳的光芒太耀眼了，月光就被掩盖了。

蹦出月球表面

告诉你一个秘密：在月球上跳起来的话，你会跳得特别高，比在地球上跳得高很多！

选择跳跃地点

仔细看看月球，我们会发现月球表面有明有暗。明亮的区域叫"月陆"，月陆上有山脉、峭壁、环形山、辐射纹和月谷等；阴暗的部分叫"月海"，其实这里并不是海，甚至连一滴水都没有，而是月球表面比较平坦的区域。既然月球上全是陆地，那么我们选择在哪里跳跃都可以。

轻轻一跳

选好地点后，不用犹豫，直接跳起来吧。月球的引力比地球上小得多，如果在月球上称体重，一个在地球上90斤的人在这里只有15斤。身体轻飘飘的，人只要轻轻一跳就能有五六米高，甚至更高。

美好的梦想

因为月球基本没有大气层，人们必须穿着宇航服才能在月球上活动。也许将来有一天，我们可以到月球上旅行，在上面举办一场跳高比赛。

日食和月食

日食、月食出现了！瞧，刚刚还悬挂在天上的太阳或月亮逐渐消失了，好像被一口一口吃掉了似的。

不是天狗惹的祸

古人认为是天狗吃掉了太阳和月亮，所以才会出现"食"。天狗表示很无辜，其实日食和月食都是由于太阳、地球和月球间的位置变化而形成的。当月球运行到太阳和地球的中间，月球遮住太阳的光芒，就会形成日食；当地球"跑"到太阳与月球的中间，就会形成月食。

闪耀的"钻戒"

太阳光被月球全部遮住的现象被称为"日全食"。发生日全食时，日光会从月球阴影的边缘照过来，形成一个"钻石环"；再加上月球表面凹凸不平，日光会从月球凹处漏过来，就形成了星星点点的"贝利珠"。贝利珠和钻石环一起出现，就像一枚闪耀夺目的钻戒悬挂在空中。

日全食

血月

血月

月全食出现了，整个月球都藏在了地球的影子里，地球的大气层吸收了太阳光中的大部分可见光，只有红光穿透过来照在月球上，这就形成了"血月"。

火星——人类另一个家园?

听名字,你是不是以为火星是如太阳一般燃烧的"火球"?事实并不是这样。不过,火星表面的岩石和沙土是红色的,看起来还真像是着火了一样。

📖 不热的沙漠行星

火星是一颗沙漠行星,地面覆盖着无垠的沙漠,沙尘暴时常袭来,漫天飞扬的沙尘甚至可以笼罩整个星球。但这颗沙漠行星上并不热,就算是炎热的夏天,温度也大约只有28℃,夜晚却会骤降到-132℃。

📖 和地球相像

在太阳系中,和地球最像的行星就是火星了。火星也是斜着身子绕着太阳转,也有四季的变化;火星自转一周是24小时37分,和地球差不多。不仅如此,火星上还有南极、北极。另外,有科学家在火星表面发现了液态水存在的证据。

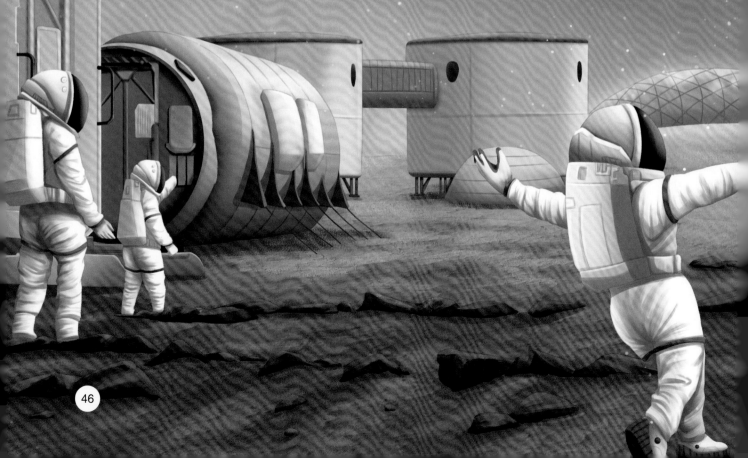

火星是人类另一个家园？

如果未来地球走向毁灭，和地球相似的火星或许可以作为人类的另一个家园。但是，火星真的适合人类居住吗？这里昼夜温差大，大气中几乎都是二氧化碳，没有稳定的液态水，风沙弥漫……如果能解决这些问题，我们也许就可以搬去火星住了。

木星，全是气

木星是个名副其实的"超级胖子"，如果把它和地球放在一起，地球肯定会显得很渺小，因为即使是它腰间的"红斑点"，也有两个地球大。

巨大的气态行星

在太阳系行星家族中，木星的个头最大，身形最"魁梧"。它的质量比另外七大行星加起来总质量的两倍还多。木星没有固体外壳，除了木星核，它身体的绝大部分都是氢。

第二个太阳

木星距离太阳很远，平时从太阳那里得不到多少热量。不过，它的内部存在"热核发射器"，可以自己释放热量。科学家们研究发现，随着木星质量的增加，内部压力的增强，说不定几十亿年后，它就会摇身一变成为第二个太阳。

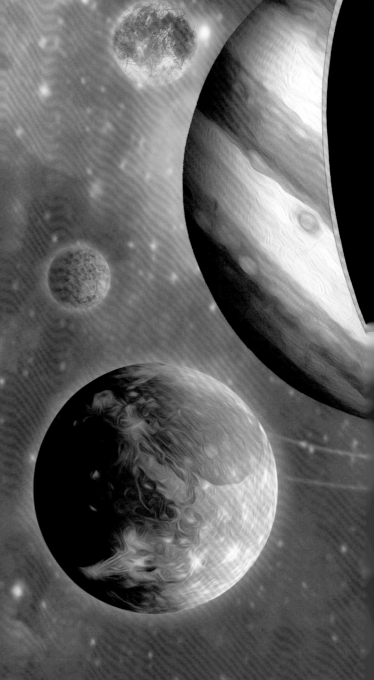

"保镖"成群

木星周围已经证实的有大大小小79颗卫星,它们像保镖一样寸步不离地围绕着木星旋转。在这个"保镖"团队里,木卫三无疑是最引人注目的,因为它的直径约5260千米,质量是月球的两倍。

戴着"草帽"的土星

若说整个太阳系行星家族中谁的颜值最高，土星将是有力竞争者。单是它那绚丽夺目的"草帽"，就足以让其他行星黯然失色。

轻飘飘

别看土星体积大，号称"太阳系第二大行星"，可它几乎全部由氢气构成，密度只有水的70%，如果把土星放到水里，它甚至能漂起来！

光环的奥秘

土星的光环十分漂亮，就像一顶草帽，是由岩块、碎冰和尘埃等组成的。在这个奇妙的"帽子"里，有七层亮度不一的美丽光环。它们排列成圆环绕着土星运行，经由太阳光照耀便会呈现出不同的颜色。

特别的守护者

土星身边有一个很特别的"跟班"。它是太阳系中唯一一颗带着厚厚大气层的卫星，它就是"土卫六"——"泰坦"。

风暴来了！

土星上每隔一段时间就会刮起可怕的大风暴。即使是地球上的超强飓风，在它面前也根本不值一提。届时，整颗土星都会被风暴淹没。在风暴最强烈的土星赤道附近，风速甚至可达每小时1770千米。

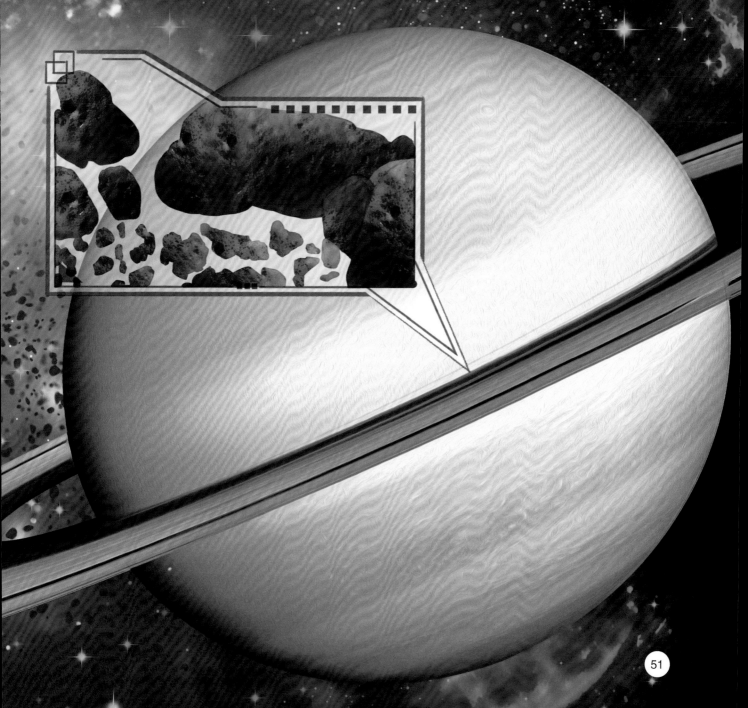

天王星："躺"着运动

太阳系行星家族中有个神秘的"冷美人"。它和太阳不怎么"亲近"，而且比较特立独行，整日"躺"着公转。

冰巨星

因为距离太阳太过遥远，天王星的温度很低，就像一颗冰冻的巨行星。所以，它才有了"冷美人"的称号。

天生懒洋洋

有人说，天王星是最"懒"的行星。原来，太阳系中行星的自转轴基本是和公转轨道垂直的，只有天王星的自转轴几乎和公转轨道平行，所以它公转起来就像"躺"着似的。

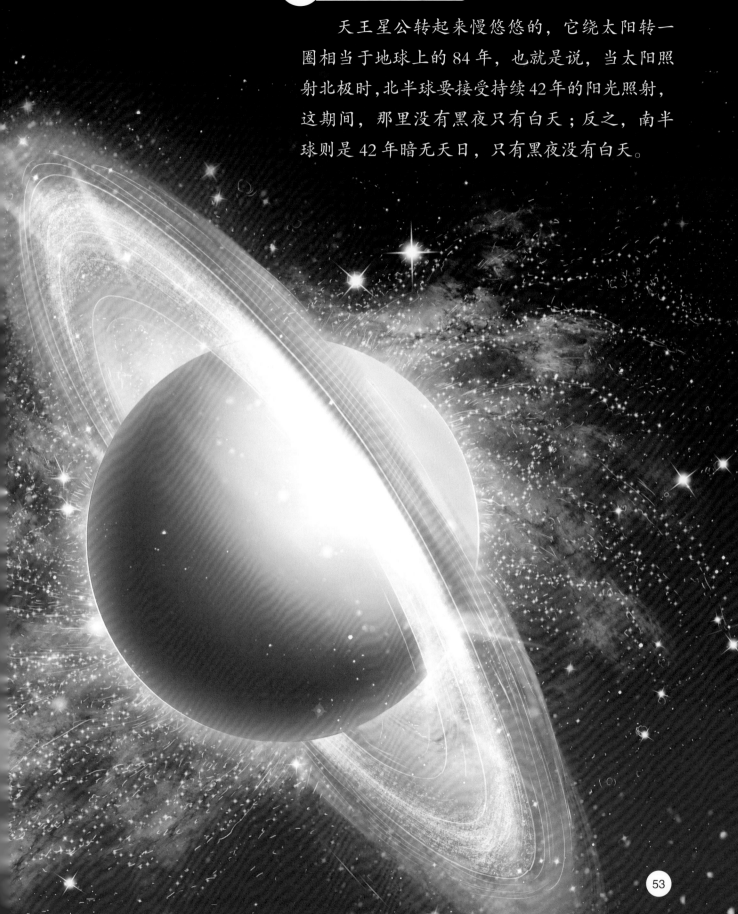

天王星公转起来慢悠悠的，它绕太阳转一圈相当于地球上的84年，也就是说，当太阳照射北极时，北半球要接受持续42年的阳光照射，这期间，那里没有黑夜只有白天；反之，南半球则是42年暗无天日，只有黑夜没有白天。

被算出来的海王星

在太阳系中，有颗行星"住"得比天王星还要远，以至于最初人们并没有发现它的踪迹。直到后来，因为一次科学推算，它才走进我们的视野。没错！它就是海王星。

📖 笔尖上"走"出来的行星

天王星被发现之后，天文学家发觉它在运行时总是偏离预想轨道。难道是有一股神秘力量牵引着它？1846年，天文学家经过精密计算，推测出了海王星的位置；后来，德国天文学家伽勒（Johann Gottfried Galle，1812年—1910年）第一次观测到了海王星。

📖 风暴中心

海王星距离太阳实在是太远了，上面非常寒冷。可是，它有一个火热的铁质核心，正是这种热量引发了可怕的风暴，把海王星变成了狂风呼啸、乱云翻滚的世界，让这个寒冷的星球更加可怕。

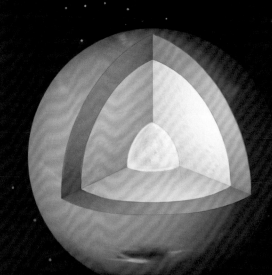

📖 钻石海洋

海王星可能是太阳系中的"大富豪"，因为科学家发现它内部藏着巨大的液体钻石海洋，其储量是地球储量的千万倍。

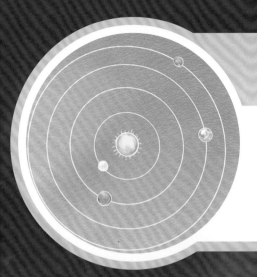

古人眼中的宇宙

借助科技的力量，我们知道了宇宙浩瀚无比，地球只能算宇宙中一粒不起眼的微尘。但在科技不甚发达的古代，人们眼中的宇宙是什么样子的呢？

古印度：大象、巨龟与蛇

古印度人认为，人类脚下的大地由四头力大无穷的大象支撑着，四头大象站在一头巨龟的龟壳上，巨龟又趴在首尾相衔的眼镜蛇的背上，眼镜蛇的头部主宰着宇宙中的所有星体。

古代中国："盖天说"与"浑天说"

约在商末周初，中国古人提出了"盖天说"。早期盖天说认为"天圆地方"，后修正为天像斗笠地像覆盘，天在上，地在下，日月星辰随天盖运行。大约到了战国时期，人们又提出了"浑天说"，认为天地的关系就像蛋壳包着蛋黄，天和天上的日月星辰绕南、北两极不停旋转。

📖 古代西方：地心说

　　古希腊哲学家亚里士多德认为，地球是宇宙的中心，所有的天体都围绕着地球运转，包括太阳。这个理论被称为"地心说"，后来经过不断发展，成了古代西方的正统宇宙观。

📖 接近真相的"日心说"

　　16世纪，波兰天文学家哥白尼基于天文观测和地心说的漏洞提出了"日心说"。他认为，地球不是宇宙的中心，太阳才是，包括地球在内的所有天体都是围绕太阳运转的。从日心说开始，人们对宇宙的认识又前进了一步。

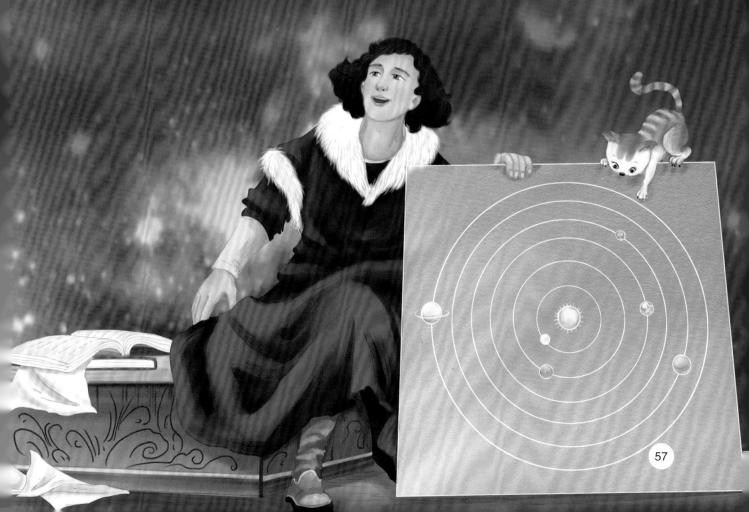

连成一片的星座

一颗又一颗的星星散落在夜幕上，闪啊闪地眨着眼。小朋友，你知道这漫天的星星怎么才能数得清吗？其实，古代人早就想到了办法。

星座的由来

5000 年前，古巴比伦人为了方便认识星星，把天空分成一块一块的区域，他们把这叫"星座"。后来，人们还把星座里的亮星用线连起来，把它们想象成动物或人物。现代，天空中的星星被分成了 88 个星座，每个星座都有自己的名字呢。

📖 星座有什么用?

星座的用处可多了，在古代，人们就利用星座在海上辨别方向。不仅如此，星座还能帮人们确定时间，古埃及人就通过观测天狼星来确定一年的开始。

📖 星星也分级

看一看，夜空中的星星有的亮一点，有的暗一点，要怎么衡量它们的明暗程度呢？古希腊天文学家喜帕恰斯有一个好办法——用"星等"给星星分等级，星等的数值越小，星星就越亮；星等的数值越大，星星的光越暗淡。

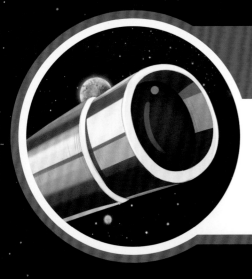

天文望远镜与星空

仰望夜空，我们只能看到繁星一闪一闪地"眨眼睛"，却看不见它们到底长什么样。可有了天文望远镜之后，浩瀚的星空在人们眼里便是一副全新的景象。

伽利略天文望远镜

1609 年，意大利科学家伽利略制作了世界上第一台天文望远镜——伽利略望远镜。他用这台望远镜观测天空，惊喜地发现了许多以前不知道的天文现象，例如月球表面是坑坑洼洼的、银河是由无数恒星组成的、木星的四颗卫星以及太阳表面的黑子现象，等等。

开普勒的改进

1611 年，德国天文学家开普勒对伽利略望远镜进行了改进，人们可以看得更远了。

施密特望远镜

1931 年，德国光学家施密特发明了一种折反射式望远镜，可以观测到流星、彗星、暗弱星云等天体。

吸收射线的"大锅"——射电望远镜

　　20世纪30年代，美国无线电工程师雷伯发明了射电望远镜，用来接收天体发出的无线电波。射电望远镜的外形类似一口大锅，不论晴天、雨天还是白天、黑夜，这口"大锅"都能进行远距离观测，吸收来自天体的无线电波。

太空中的"眼睛"——空间望远镜

空间望远镜是在太空轨道上运行的天文望远镜，它就像是人在太空中的"眼睛"，可以拍摄到更清晰的宇宙。1990年，美国用"发现者号"航天飞机成功发射了一架空间望远镜，为了纪念天文学家哈勃，这架空间望远镜便被叫作"哈勃空间望远镜"。

哈勃的重大发现

在1975年以前，海尔天文望远镜一直是世界上最大口径的望远镜。20世纪20年代，美国天文学家哈勃利用海尔望远镜成功观测到了银河系以外的星系，并发现了宇宙正在膨胀。

哈勃

人类冲向太空的尝试

人类对苍穹之外的浩瀚宇宙向往已久，为了能冲向太空，人类从古至今做了许多尝试，有些尝试壮烈失败了，有些尝试却取得了里程碑式的成功。

世界航天第一人——万户

中国明代的火器发明家万户（原名陶成道）是世界上第一个利用火箭飞天的人，他把自制的 47 个火箭绑在椅子上，双手举着风筝坐在上面，然后命人点火，借助火箭的推力和风筝被吹起时的力量飞起。但当万户升到半空时，火箭突然爆炸，万户因此牺牲了。

脱离地球摇篮

苏联科学家齐奥尔科夫斯基一直认为火箭可以帮助我们实现冲向太空的梦想，他潜心研究多年，最终推导出一个公式，能计算出火箭冲出地球需要的速度增量。

齐奥尔科夫斯基

液体火箭诞生

想要实现火箭升空，固体的火药作为燃料有很大的缺陷。美国火箭专家戈达德（Robert Hutchings Goddard）因此开始着手发明液体火箭。历经多次失败后，1926年，戈达德终于成功了！他研制的世界上第一枚液体燃料火箭试飞成功，现代火箭技术从此诞生了！

戈达德

航天时代开启——斯普特尼克 1 号

时间到了 1957 年，火箭技术已经有了很大的发展，人们积极进行各种航天器的研发。就在这一年，苏联研制发射了世界上第一颗人造卫星——斯普特尼克 1 号，正式宣告了现代航天时代的到来。

进入太空了！

　　从 1960 年开始，苏联设计了一系列名为"东方"号的载人航天运载工具。先后进行了 7 次试验后，1961 年，"东方 1 号"宇宙飞船在拜科努尔发射场发射升空，成功将航天员尤里·加加林送进了太空。至此，人类终于实现了冲向宇宙的梦想。

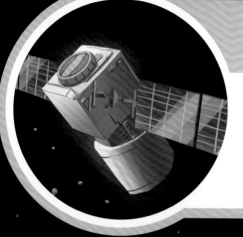

人造地球卫星，发射！

在太阳系中，不止有天然的卫星，还有人造的卫星。月球不再是地球唯一的卫星，许多人造的"兄弟姐妹"陪它一起绕着地球运行。

各种用途的卫星

按照用途，人造地球卫星（简称人造卫星）可以分为很多种。科学卫星可以在太空轨道中进行大气、天文等方面的实验。通信卫星能接收、转发无线电信号，实现全球通信。气象卫星可以从太空对地球进行气象观测。资源卫星可以勘探和研究地球的自然资源。除了这些，还有军事卫星、星际卫星等。

人造卫星的归宿

人造卫星总有燃料耗尽、设备失灵的一天，当那一天到来时，离地球较近的人造卫星会"重返"地球，在坠落过程中经大气层的摩擦烧毁殆尽，少量碎片会坠入辽阔的大洋中。离地球较远的人造卫星会慢慢减速，被推离到更高的轨道，然后成为茫茫太空中一件不被回收的"废品"。

成为航天员

"成为航天员，去探索太空"是很多人的梦想。但是，想要成为一名合格的航天员，可不是一件容易的事。

达标条件很严格

想要成为航天员，必须拥有渊博的知识、强健的体魄、良好的心理素质、快速的反应能力和丰富的飞行经验。经过层层选拔，每一项都达到优秀标准，才能进入航天员候选人之列。

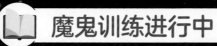

魔鬼训练进行中

要成为一名正式的航天员，每天的训练必不可少。天文地理、地质气象、航天器构造、医护知识……30多门基础理论知识必须掌握。纸上谈兵还不够，成为航天员前还要经过体能、心理、超重和失重、模拟飞行等140多个项目的魔鬼训练。并不是通过了这些训练的航天员都能进入太空，在他们之中必须选拔出最优秀的成员来完成升空任务。

浮在太空的空间站

你能想象在太空中如何生活吗？你可以因为失重状态而飘浮着移动，也可以每过 1.5 小时就看一次日出。但首先，你得在太空中有个居住的基地——空间站。

什么是空间站？

空间站是在地球卫星轨道上运行的载人航天器，相当于人类在太空建立的科研和军事基地。载人飞船与货运飞船将航天员与物资送往空间站，航天员可以在空间站内长期生活，进行科学实验、探测天体、观察地球、维修航天器等工作。

搭建空间站

建设空间站就像在太空中搭积木，先用运载航天器将空间站的核心舱送进太空，然后再根据需求将各种功能舱送上去。各个舱之间通过对接口拼在一起，组装成一个整体，空间站才算建好。

空间站内的生活

　　空间站内的生活设施、文化设施、生命保障系统都配套齐全，航天员每天都要在失重的状态下生活，日子并不轻松。吃的食物可能会不小心飘走，喝的水也会变成悬浮的水珠，每天晚上睡觉时都要把自己绑起来，以防第二天早上不知道飞到哪里去了。

空间站

　　目前在轨运行的最大空间站是由全球 16 个国家共同建造、运行并使用的国际空间站。不过预计到 2024 年，国际空间站就会完成使命结束运行。中国也在建造自己的空间站，2011 年发射的"天宫 1 号"是中国首个载人空间站的雏形。2016 年发射的"天宫 2 号"，经与后续神舟号飞船对接后，成为中国规模最大、长期有人照料的空间实验室。

星际旅行与太空基地

虽然星星很遥远，可是在科技飞速发展的现在，也许在不久的将来，人们就可以自由地在地球与外星之间往返，就像旅行一样简单。

建立太空基地

我们这些年来建立的空间站，都是在为未来建立太空基地做准备。太空基地中有空间站、太空港、星球基地等。太空港相当于交通枢纽，往来的飞船可以在太空港停留、维修、补给、发射等。星球基地是星际城市，供人们居住、生活。

📖 国际空间站之旅

如果你有足够多的钱，并通过了和航天员一样的艰苦训练，就可以搭乘俄罗斯的"联盟"号飞船，到国际空间站观光一周。

📖 来一场星际旅行

我们要如何进行星际旅行呢？首先，我们要有像航天员一样的身体素质和心理素质。然后，我们可以选择搭乘不同价位的飞船，毕竟有的飞船像高铁，有的则像普通火车。升空后，我们可以从太空港换乘去月球或火星的飞船，最终到达基地，穿着特制的服装四处观光游览一番。

环游太阳系

　　搭乘"旅行者"号载人观光飞船，可以环游太阳系各个行星。我们不能下飞船，只能透过飞船的窗户欣赏外面的风景。因为有的行星离地球很远，这场旅行会耗费很长很长时间，也许需要几年之久……